四川省
高温天气作业人员
关爱手册

Sichuansheng
Gaowen Tianqi Zuoye Renyuan
Guanai Shouce

中国工人出版社

图书在版编目（CIP）数据

四川省高温天气作业人员关爱手册 / 四川省总工会编.
—北京：中国工人出版社，2017.6
ISBN 978-7-5008-6726-5

Ⅰ.①四… Ⅱ.①四… Ⅲ.①高温作业—防暑—
四川—手册 Ⅳ.①X968-62

中国版本图书馆CIP数据核字（2017）第111341号

四川省高温天气作业人员关爱手册

出 版 人 芮宗金
责任编辑 李素素
责任校对 赵贵芬
责任印制 栾征宇
出版发行 中国工人出版社
地　　址 北京市东城区鼓楼外大街45号 邮编：100120
网　　址 http://www.wp-china.com
电　　话 （010）62005043（总编室）
（010）62005039（出版物流部）
（010）62382916（职工教育分社）
发行热线 （010）62005996 （010）82075964（传真）
经　　销 各地书店
印　　刷 三河市东方印刷有限公司
开　　本 710毫米×1000毫米 1/32
印　　张 2.375
字　　数 20千字
版　　次 2017年6月第1版 2017年6月第1次印刷
定　　价 12.00元

前　言

高温天气是指地市级以上气象主管部门所属气象台站向公众发布的日最高气温35℃以上的天气。高温天气作业是指用人单位在高温天气期间安排劳动者在高温自然气象环境下进行的作业。长时间在高温条件下作业或在高温天气期间作业，施工人员易疲劳、易中暑、注意力分散，较易发生高空坠物、触电、火灾等事故。

四川省总工会高度重视维护职工在高温条件下的劳动保护权益，多年来坚持深入夏季露天作业、高温作业场所和农民工集中的用人单位，重点关注冶炼、加工制造、酿造、纺织等行业，以及环卫、建筑施工、交通运输等户外劳动者，看望慰问一线职工,积极推动各项高温政策的落实，把夏日的清凉送到职工心里。

为进一步普及高温天气作业常识，预防高温天气安全生产事故，四川省总工会编写了这本《四川省高温天气作业人员关爱手册》。本手册结合高温天气作业的特点，从高温天气作业基础知识、高温天气作业防护、中暑的辨识和急救以及防暑降温常识等四个方面，以小问答配插图的形式来展现和普及相关常识，方便高温天气条件下的作业人员阅读使用。

希望这本小手册能为炎炎夏日奋战在一线的职工朋友送上一份清凉和关爱。

编　　者

2017年6月

目录
CONTENTS

第一章

高温天气作业基础知识

高温天气作业指的是夏季通风室外计算温度大于30℃的露天作业。高温条件下作业对人体各方面都会产生影响，如体温的调节、水盐代谢、消化系统、泌尿系统等。

01 怎样认定高温天气？

（1）高温天气是指地市级以上气象主管部门所属气象台站向公众发布的日最高气温在35℃以上的天气。

（2）日最高气温达到40℃以上，应当停止当日室外作业。

（3）日最高气温达到37℃以上、40℃以下时，各单位安排员工室外作业时间不得超过6小时，且在气温最高时段的3小时内不得安排室外露天作业。

（4）日最高气温达到35℃以上、37℃（不含37℃）以下时，各单位应采取换班轮休等方式，缩短员工连续作业时间，并且不得安排室外露天作业员工加班。

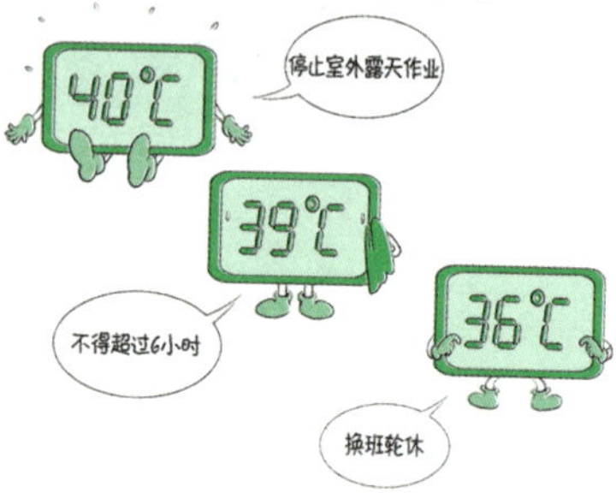

02 什么是一般热环境?

一般热环境的气温通常为28℃~35℃。在这种环境下，人体安静时基本能保持热平衡状态。此时人体热平衡的保持主要依靠出汗蒸发散热，蒸发散热量几乎等于35℃时人体本身的产热量。但从事中等强度的体力劳动时，可能会有一些蓄热。

03 什么是高热环境？

高热环境是指气温高达40℃～45℃的环境，显著高于人体体表温度。在高气温作用下，人体皮温虽然显著升高（可高达37℃~38℃），但仍低于环境温度，故人体会接受来自环境的一定程度的辐射和热对流。此时，人体热负荷量明显大于蒸发散热量，蓄热量显著增加。

04 高温、强辐射作业对人体有什么影响?

在高温、强辐射作业环境中同时存在两种不同性质的热，对流热（加热了的空气）和辐射热（热源及二次热源）。对流热只作用于人的体表，但通过血液循环使全身加热；辐射热除作用于人的体表外，还作用于深部组织，因而加热作用更快更强。

这类作业环境的气象特点是气温高、热辐射强度大，而相对湿度较低，人在此环境下劳动时会大量出汗，如通风不良，则汗液难以蒸发，就可能因蒸发散热困难而发生蓄热和过热。

05 高温、高湿作业对人体有什么影响?

高温、高湿作业的气象特点是气温、湿度均高，而辐射强度不大。高湿度的形成，主要是由于生产过程中产生大量水蒸气，如通风不良就形成高温、高湿和低气流的不良气象条件，即湿热环境。

人在此环境下作业，即使温度不是很高，但由于蒸发散热极为困难，虽大量出汗也不能发挥有效散热作用，易导致体内热蓄积或水、电解质平衡失调，从而引发中暑。

06 高温天气作业对体温调节功能有什么影响？

当气温达到35℃以上时，人体散热就会发生困难。这时，体表不仅失去辐射以及以对流方式向周围散放热量的能力，而且周围环境还以辐射和对流的附加热作用于人体。

如果在高气温、强辐射或高气温、高湿度的环境中从事体力劳动，则人体本身所产生的热再加上周围环境的附加热，会增加体温调节中枢的负担，甚至破坏体温调节能力，造成体内蓄热，体温不断升高，导致过热。

07 高温天气作业对呼吸系统有什么影响？

高温作业过程中人体因蓄热而使血液温度升高，既刺激下丘脑的体温调节中枢，又刺激呼吸中枢，反射性地加强呼吸运动，出现呼吸频率增加，以加速呼吸道黏膜的蒸发散热，同时，肺通气量也会增加以促进对流散热。

高温天气下作业时，人因过热而感到烦躁与焦虑时，也会反射性地引起呼吸加快和肺通气量增加。热应激可使机体的交感神经活动加强，以致肺通气量增加。

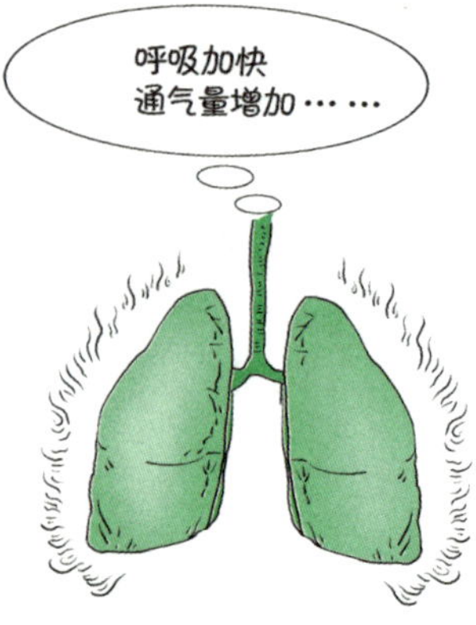

08 高温天气作业对消化系统有什么影响？

从事高温作业的人员，由于经常大量出汗，不能及时补充盐分，因而血液中的盐储备量减少，导致胃液酸度降低。大量排汗会使胃液稀释，胃酸浓度降低，从而影响消化和杀菌能力。高温引起的外周血管扩张也容易导致消化道贫血。

由于以上原因，胃的收缩和蠕动能力也减弱，排空速度减慢，唾液分泌量明显减少，淀粉酶活动能力降低。这些因素都会引起食欲减退、消化不良的症状，增加胃肠道的发病率。

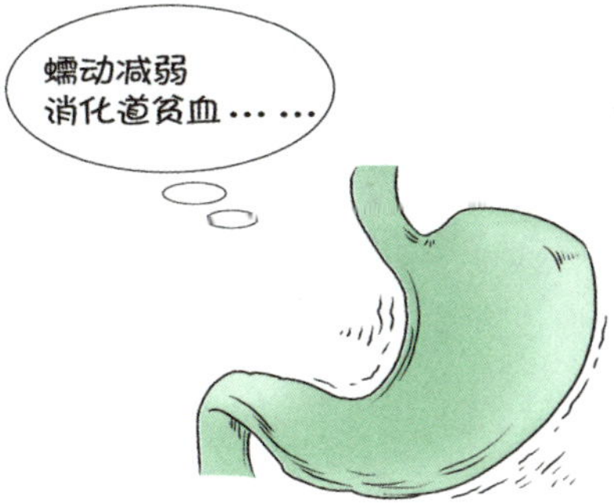

09 高温天气作业对泌尿系统有什么影响?

高温天气环境下，由于体内的大量水分经汗腺排出，若不及时补充，水盐供应不足可导致尿液浓缩，肾脏负担加重，甚至致使肾功能不全，尿中出现蛋白、红细胞等。

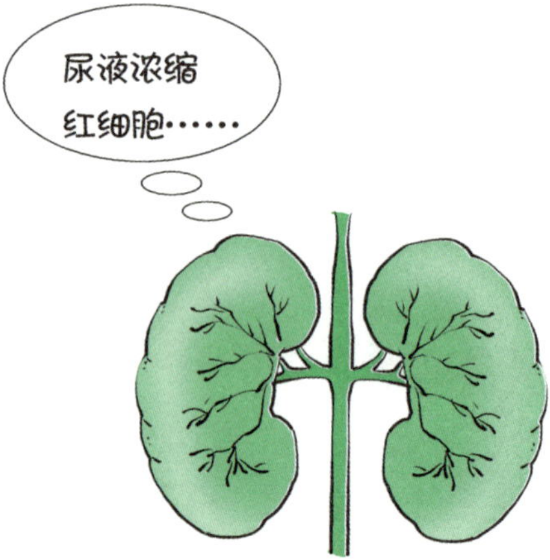

10 高温天气作业对神经系统有什么影响?

一般情况下，身体受热时，体温升高，人主观感觉不舒适，容易疲劳和嗜睡。这时，精神活动往往受到影响，致使工作效率下降，错误率增加。

严重时，高温天气环境会降低中枢神经系统的兴奋性，使机体体温调节功能减弱，热平衡遭受破坏，注意力和肌肉的工作能力、动作的准确性和协调性及反应速度降低等。

第二章

高温天气作业防护

在高温天气来临前，用人单位应该对高温天气作业的劳动者进行体检。高温天气作业人员需要穿宽松、透气性能良好、色浅的衣服，同时采取必要的防暑降温措施，并缩短工作时间，保证充足的睡眠，一旦感到不适就应即时休息或及时就医。

01 作业前应做哪些健康检查？

对于高温天气作业人员，一般在每年3月底以前完成健康检查工作，对确诊为高温作业禁忌证者，应及时调整生产岗位。

高温天气作业人员的就业前健康检查一般包括对职业史、健康状况及主观感觉、中暑史、一般临床检查（脉搏、血压、心、肺、肝、脾）及晶状体、视网膜的检查等。

02 患有哪些身体疾病的人高温天气不宜作业？

（1）心血管系统疾病，如动脉粥样硬化、高血压、器质性心脏病等。

（2）活动性肺结核、肠结核、肾结核、骨关节结核病。

（3）神经系统、内分泌系统疾病，如精神病、精神变态、甲状腺功能亢进等。

03 怎样防止身体脱水?

高温天气环境下作业时，如果不及时补充水和盐，将会引起不同程度的水盐代谢紊乱。一般按照脱水的程度可分为轻、中、重三度。

（1）轻度脱水时，失水量占体重的2%左右，稍有口渴感，可通过自行及时补充清凉饮品缓解症状。

（2）中度脱水时，失水量约占体重的6%，口渴感明显，尿量减少，尿比重增加，可通过适当休息，并及时补充清凉饮品缓解症状。

（3）重度脱水时，失水量占体重的7%～14%，除上述症状外，还表现为明显无力，并出现烦躁、谵妄与昏迷等症状，可先转移到阴凉处，通过饮用水、茶、碳酸饮料、运动饮料或清汤补充水分，并及时就医。

04 怎样提高耐热能力？

经常锻炼身体可使体质增强，心血管功能增强，进入肌肉内的毛细血管增多，血液与肌肉组织的接触面大大增加，有利于氧的供应和废物的排出。

经常锻炼身体的人在高温天气下作业时，心率和体温相应降低，且缺氧程度减轻。因此，经常进行体育锻炼可在一定程度上提高耐热能力。

05 怎样做好个体防护？

（1）高温天气作业人员应穿耐热、导热系数小、透气功能好的浅色、宽大的工作服。

（2）根据防护需要，穿戴手套、护腿、眼镜、面罩、工作帽等。

（3）在高温天气作业过程中必须备好防暑降温药品及饮用水。

（4）高温天气环境下，人体消耗量大增，应保证足够的营养摄入。

（5）在工作一段时间后，或身体有不适感时，应及时休息，从事高温天气作业的人员还应同时保证足够的睡眠和休息。

06 怎样合理安排劳动作息时间？

夏季露天作业时应制定合理的劳动休息制度，在气温较高的环境下，应适当调整作息时间。

（1）早晚工作，中午休息，尽可能白天做“凉活”，晚上做“热活”，可以在一定程度上降低身体的热负荷。

（2）尽量缩短一次连续作业时间，采用小换班的方法增加工作休息次数，轮换休息有助于恢复体力，避免过度疲劳，保证下一工段的良好体力状态。

07 设置休息地点时应注意什么？

（1）休息地点应远离热源，阴凉、安静，且通风良好。

（2）应备有清凉饮料、风扇、座椅等，且室温应保持在30℃以下。

（3）有条件的企业还可以在休息室安装空调或采取其他降温措施。

08 企业应怎样做好高温天气作业防护措施？

高温作业的防护措施主要是根据各地区对限制高温作业级别的规定（如建设项目宜消除Ⅲ、Ⅳ级高温作业）所采取的措施。高温天气环境下，企业应在以下方面做好防护措施。

（1）夏季露天作业条件下，尽可能实现自动化和远距离操作等隔热操作方式。

（2）通过合理利用自然通风气流，设置全面、局部送风装置降低工作环境的温度。

（3）依据相关规定，限制高温天气环境下的作业时间，合理安排倒班。

（4）使用隔热服等个人防护用品，供应清凉饮料（饮料含盐量为0.1%～0.2%，水温不宜高于15℃）。

09 企业应常备哪些防暑降温用品？

（1）折扇、风扇、毛巾等日常辅助降温用品。

（2）风油精、藿香正气水、仁丹、花露水等防暑降温药品。

（3）绿豆汤、盐开水等防暑降温清凉饮品。

10 高温津贴有什么法规依据?

原卫生部、原劳动和社会保障部、国家安全监管总局、中华全国总工会《关于进一步加强工作场所夏季防暑降温工作的通知》（卫监督发〔2007〕186号）规定，用人单位安排劳动者在高温天气下（日最高气温达到35℃以上）露天工作以及不能采取有效措施将工作场所温度降低到33℃以下的，应向劳动者支付高温津贴。

11 中暑后怎样申请工伤待遇?

如因中暑造成后遗症，劳动者可以向劳动能力鉴定委员会提出劳动能力鉴定申请。劳动者发生中暑，建议就近进行治疗，同时保留好就诊病历资料，作为鉴定凭证。判定为工伤后，劳动者即可按规定享受相应的工伤待遇，而就诊的医疗费用由用人单位或工伤保险基金承担。

12 高温津贴可以用冷饮等物品代替吗？

根据《防暑降温措施管理办法》第十一条规定：用人单位应当为高温作业、高温天气作业的劳动者提供足够的、符合卫生标准的防暑降温饮料及必需的药品。不得以发放钱物替代提供防暑降温饮料，防暑降温饮料也不得充抵高温津贴。

第三章

中暑的辨识与急救

中暑是指以在高温环境下因人体体温调节功能紊乱而引起的中枢神经系统和循环系统障碍为主要表现的急性疾病。除了高温、高湿或烈日暴晒外，工作强度过大、时间过长、睡眠不足、过度疲劳等均为常见的诱因。

01 什么是职业性中暑?

职业性中暑是指在高温作业环境下，由于热平衡和（或）水盐代谢紊乱而引起的以中枢神经系统和（或）心血管障碍为主要表现的急性疾病。

当人体周围气温过高时，如果排汗发散不了体内所产生的热量，这时血液循环就会加快，以增加热能散发，如果仍然不能起到体内散热的作用，积聚的热量就会使体温升高。轻者出现发热、乏力、头晕、恶心、血压下降等症状，重者（重症中暑）可出现头痛剧烈、昏厥、昏迷、痉挛，甚至死亡。

02 怎样辨识和应对中暑先兆?

中暑先兆是指在高温作业场所劳动了一定时间后，出现头昏、头痛、口渴、多汗、全身疲乏、心悸、注意力不集中、动作不协调等症状，体温正常或略有升高。

发生中暑先兆后，应及时转移至阴凉通风处，补充水和盐分，并予以密切观察，通常短时间内上述症状即可缓解。

03 怎样辨识和应对轻度中暑?

轻度中暑除中暑先兆的症状加重外，通常还会出现面色潮红、大量出汗、脉搏速度加快等表现，体温明显升高，有时会达到38.5℃以上。

应使轻度中暑者迅速脱离高温环境，到阴凉通风处休息；给予含盐清凉饮料及对症处理。如处理及时，往往可以在数小时内恢复。

04 怎样辨识和应对热射病？

热射病是由于体内产热和受热超过散热，引起体内蓄热，导致体温调节功能发生障碍，是中暑最严重的一种，病情危重，死亡率高。热射病的典型症状为：急骤高热，肛温常在41℃以上，皮肤干燥，热而无汗，有不同程度的意识障碍，重症患者可有肝肾功能异常等。

一旦发现热射病症状，应立即送往医院急救。

05 怎样辨识和应对热痉挛？

热痉挛是人体由于水和电解质的平衡失调所致。典型症状为：明显的肌痉挛且有收缩痛，痉挛呈对称性，轻者不影响工作，重者痉挛甚剧，患者神志清醒，体温正常。

发生热痉挛应及时补充含盐饮料，并在阴凉环境中休息，一般可于短期内恢复；情况严重者，应及时就医。中暑人员的身体情况缓解后，不能马上再从事高温作业，以免上述症状复发。

06 怎样辨识和应对热衰竭?

热衰竭是由热引起外周血管扩张和大量失水造成循环血量减少，颅内供血不足而导致发病。典型症状为：先头晕、头痛、心悸、恶心、呕吐、出汗，继而昏厥，血压短暂下降，体温多不高。

热衰竭发病急，后果严重。一旦发现热衰竭症状，应立即送往医院救治。

07 怎样辨识和应对日射病?

日射病是因为直接在烈日的暴晒下，强烈的日光穿透头部皮肤及颅骨引起脑细胞受损，进而造成脑组织的充血、水肿。由于受到伤害的主要是头部，所以，最初的不适就是剧烈的头痛、恶心、烦躁不安，继而可出现昏迷及抽搐。

一旦出现日射病症状，应立即脱离日射环境，并及时送往医院救治。

08 中暑后如何自救？

如果劳动者在高温作业时，感到头晕、恶心、心慌等，那么很可能已经中暑。应及时辨别并做好相应的自救措施。

（1）应立即停下手头的事情，找个阴凉的地方休息。

（2）及时补充水分，但不要大口猛喝，应小口慢饮，以防加重心脏负担。

（3）解开领口扣子、领带、皮带等一些配饰，保持身体放松和周围通风。

（4）使用解暑药物。

（5）若休息后症状不能缓解，应及时求助并就医。

09 重症中暑如何进行物理急救?

（1）让中暑者平躺，在其额头及腋下放置冷水袋降温，用温水（25℃左右）浸湿布单并拧干，裹在中暑者的身上。

（2）10～15分钟后，打开布单并把中暑者全身擦干。

（3）中暑者苏醒后，应马上帮助其饮用清凉饮料（在紧急情况下，也可在白开水中加入少许盐代替清凉饮料）。

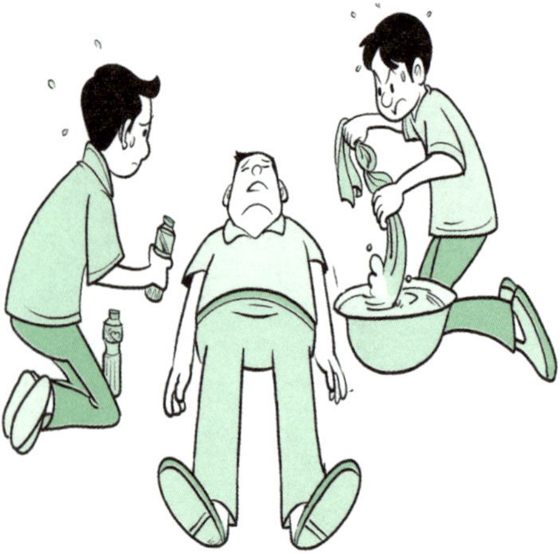

第四章

防暑降温常识

预防中暑除了要保持良好的饮食、睡眠和日常行为习惯等外，还应常备藿香正气水、十滴水、仁丹等防暑药品，多喝防暑降温饮料。

01 怎样合理饮水?

（1）平时就应注意补充水分，若等到口渴时，表明人体水分已失去平衡，细胞开始脱水，此时身体已处于缺水状态。

（2）大渴忌过饮，应适当补充淡盐水，因为大量出汗后，人体内盐分流失过多，若不及时补充盐分，则会使体内水、盐比例严重失调，导致代谢紊乱。

（3）用餐前和用餐时不宜喝水，因为进餐前和进餐时喝水，会冲淡消化液，不利于食物的消化吸收。

（4）早晨起床时先喝一些水，可以补充一夜所消耗的水分，降低血液浓度，促进血液循环。

02 怎样提高食欲？

（1）选择凉爽的就餐环境，解除高温刺激，以免摄食中枢被抑制。

（2）在就餐前洗个温水澡，可以保证在就餐时感到凉爽且舒适。

（3）就餐前先喝少许凉汤和饮料，以促进消化液的分泌，从而提高食欲，同时也补充了盐分。

（4）在饭菜中加入适当的调味品，如盐和醋，也可以补充胃酸，提高食欲。

03 怎样合理补充营养?

当人在高温环境中劳动时，体温调节、水盐代谢以及循环、消化、神经、内分泌和泌尿系统发生显著变化，会导致营养消耗增加。而夏天人们食欲减退，也会限制营养的摄入。因此，要注意补充一些营养素。

（1）补充足够的蛋白质，以鱼、肉、蛋、奶和豆类为好。

（2）补充维生素。新鲜蔬菜和水果，如西红柿、西瓜、杨梅、甜瓜、桃、李子等含维生素C尤为丰富；在谷类、豆类、动物肝脏、瘦肉、蛋类中B族维生素含量较多。

（3）补充水和无机盐。可食用含钾高的食物，如水果、蔬菜、豆类或豆制品、海带、蛋类等；多吃清热利湿的食物，如西瓜、苦瓜、桃、乌梅、草莓、西红柿、黄瓜、绿豆等。

04 为什么夏季要多吃苦味菜?

夏季气温高、湿度大，往往容易使人精神萎靡、倦怠乏力、食欲不振。此时，吃点苦味蔬菜大有裨益。中医学认为，夏季暑盛湿重，既伤肾气又伤脾胃。苦味食物可通过其补气固肾、健脾的作用，达到平衡机体功能的目的。

现代科学研究也证明，苦味蔬菜中含有丰富的具有消暑、退热、除烦、提神和健胃功能的生物碱、氨基酸、苦味素、维生素及矿物质。苦瓜、莴笋、芹菜等都是很好的选择。

05 防暑功效显著的常见蔬菜有哪几种?

（1）黄瓜。黄瓜可利尿、消水肿。凉拌吃可以增加食欲、消腹胀，还可以解口渴、退干热。

（2）苦瓜。苦瓜含有蛋白质、脂肪、糖、钙、磷、铁等多种物质，它既可以刺激唾液、胃液分泌，增强食欲；又可以消去烦渴，是消热防暑的佳品。

（3）冬瓜。冬瓜含有人体必需的多种微量元素，人中暑时，饮食冬瓜汤有明显的疗效。把冬瓜切成小块擦痱子也有很好的效果。

（4）丝瓜。丝瓜有顺气健脾、化痰止咳、平喘解痉、凉血清热的功效，常吃可以治疮疖，解暑热。

（5）西红柿。在夏季，西红柿正当季，营养也最丰富，它同样可以清热解毒、平肝去火。

06 防暑功效显著的常见水果有哪几种?

（1）西瓜。西瓜性味甘寒，可缓解中暑、发热、心烦、口渴等状况，但胃寒、腹泻的人不可多吃。

（2）草莓。草莓不但好吃，还有药用价值。中医认为它有去火功效，能清暑、解热、除烦。

（3）桃子。桃子富含多种维生素、矿物质及果酸，其含铁量居水果之首。铁是人体造血的主要原料，对身体健康相当有益。

（4）梨。梨因鲜嫩多汁、酸甜适口，所以又有“天然矿泉水”之称。

（5）甜瓜。甜瓜富含蛋白质、脂肪、碳水化合物、钙、胡萝卜素等多种营养成分，有清热解渴、利小便、保护肝肾等功效。

07 为什么不宜贪食冷藏西瓜？

食用长时间冷藏后的西瓜，对人体健康是不利的。因为食用冷藏的西瓜时，口腔内的唾液腺、舌味觉神经和牙周神经都会因冷刺激而处于麻痹状态，使人不但难以品出西瓜的甜味，过量食用还会伤及脾胃。

08 怎样科学使用电风扇?

（1）电风扇的转速不要太快，使用时间不可过长，以30分钟至1小时为宜。

（2）不宜用电风扇直吹人体，也不要距离太近，吹一段时间后，应变换一下位置，以免局部受凉过久。

（3）不要开着电风扇睡觉，气温过高时也只能使用摇头微风，并用定时控制。

（4）大量出汗时，不要静坐猛吹电风扇。

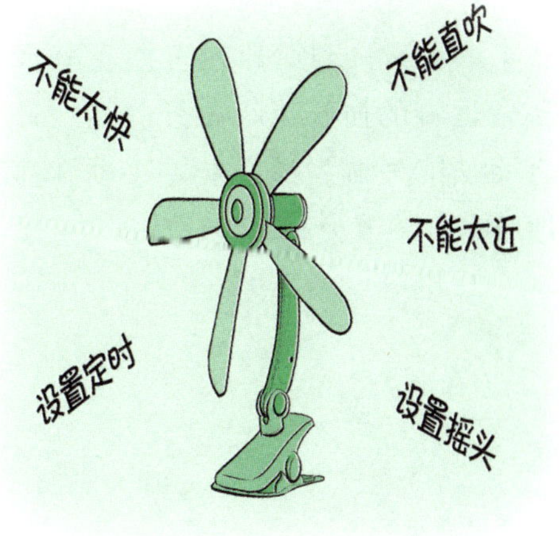

09 为什么不宜用凉水冲脚?

（1）人的脚部是血管分支的末梢部位，脚底皮肤温度是全身最低的，极易受凉。

（2）脚部的脂肪层较薄，保温性能较差，若经常用凉水冲脚，使脚部进一步受凉，通过血管传导对周身产生一系列的影响，最终导致各种疾病。

（3）脚底的汗腺较发达，脚部突然受凉，会使毛孔骤然关闭，时间长了会引起排汗功能障碍。

（4）脚部的感觉神经末梢受凉水刺激后，正常运转的血管组织剧烈收缩，日久会导致舒张功能失调，诱发肢端小动脉痉挛、红斑性肢痛、关节炎和风湿病等。

10 为什么不宜在大汗淋漓时洗冷水澡?

（1）夏天作业刚结束时，人体仍处于代谢旺盛、产热增多、皮肤血管扩张的状态。此时如立即洗冷水澡，皮肤受到冷刺激引起血管收缩，结果使体热散发受阻，反而会出现体温升高的现象。

（2）机体从热环境一下子进入冷环境，来不及适应调整，皮肤血流量减少使回心血量突然增加，会加大心脏负担，同时也容易患感冒或引起胃肠痉挛等。

（3）作业后肌肉疲劳、紧张度增加，这时再受到冷刺激，可能会引发抽筋。

11 为什么午睡时间不宜过长？

睡眠是一个由浅入深，再由深到浅直至醒来的过程，一般从浅睡期进入深睡期大概要1小时，这也是午睡的极限时间。

午睡时间过长，中枢神经会加深抑制作用，脑内血流量相对减少，代谢过程减慢，导致醒来后周身不舒服而更加困倦。

附录

防暑降温措施管理办法

安监总安健〔2012〕89号

第一条 为了加强高温作业、高温天气作业劳动保护工作，维护劳动者健康及其相关权益，根据《中华人民共和国职业病防治法》《中华人民共和国安全生产法》《中华人民共和国劳动法》《中华人民共和国工会法》等有关法律、行政法规的规定，制定本办法。

第二条 本办法适用于存在高温作业及在高温天气期间安排劳动者作业的企业、事业单位和个体经济组织等用人单位。

第三条 高温作业是指有高气温、或有强烈的热辐射、或伴有高气湿（相对湿度≥80%RH）相结合的异常作业条件、湿球黑球温度指数（WBGT指数）超过规定限值的作业。

高温天气是指地市级以上气象主管部门所属气象

台站向公众发布的日最高气温35℃以上的天气。

高温天气作业是指用人单位在高温天气期间安排劳动者在高温自然气象环境下进行的作业。

工作场所高温作业WBGT指数测量依照《工作场所物理因素测量 第7部分：高温》（GBZ/T189.7）执行；高温作业职业接触限值依照《工作场所有害因素职业接触限值第2部分：物理因素》（GBZ2.2）执行；高温作业分级依照《工作场所职业病危害作业分级第3部分：高温》（GBZ/T229.3）执行。

第四条　国务院安全生产监督管理部门、卫生行政部门、人力资源社会保障行政部门依照相关法律、行政法规和国务院确定的职责，负责全国高温作业、高温天气作业劳动保护的监督管理工作。

县级以上地方人民政府安全生产监督管理部门、卫生行政部门、人力资源社会保障行政部门依据法律、行政法规和各自职责，负责本行政区域内高温作业、高温天气作业劳动保护的监督管理工作。

第五条　用人单位应当建立、健全防暑降温工作制度，采取有效措施，加强高温作业、高温天气作业劳动保护工作，确保劳动者身体健康和生命安全。

用人单位的主要负责人对本单位的防暑降温工作全面负责。

第六条 用人单位应当根据国家有关规定，合理布局生产现场，改进生产工艺和操作流程，采用良好的隔热、通风、降温措施，保证工作场所符合国家职业卫生标准要求。

第七条 用人单位应当落实以下高温作业劳动保护措施：

（一）优先采用有利于控制高温的新技术、新工艺、新材料、新设备，从源头上降低或者消除高温危害。对于生产过程中不能完全消除的高温危害，应当采取综合控制措施，使其符合国家职业卫生标准要求。

（二）存在高温职业病危害的建设项目，应当保证其设计符合国家职业卫生相关标准和卫生要求，高温防护设施应当与主体工程同时设计，同时施工，同时投入生产和使用。

（三）存在高温职业病危害的用人单位，应当实施由专人负责的高温日常监测，并按照有关规定进行职业病危害因素检测、评价。

（四）用人单位应当依照有关规定对从事接触高温危害作业劳动者组织上岗前、在岗期间和离岗时的职业健康检查，将检查结果存入职业健康监护档案并书面告知劳动者。职业健康检查费用由用人单位承担。

（五）用人单位不得安排怀孕女职工和未成年工从事《工作场所职业病危害作业分级第3部分：高温》（GBZ/T229.3）中第三级以上的高温工作场所作业。

第八条　在高温天气期间，用人单位应当按照下列规定，根据生产特点和具体条件，采取合理安排工作时间、轮换作业、适当增加高温工作环境下劳动者的休息时间和减轻劳动强度、减少高温时段室外作业等措施：

（一）用人单位应当根据地市级以上气象主管部门所属气象台当日发布的预报气温，调整作业时间，但因人身财产安全和公众利益需要紧急处理的除外：

1.日最高气温达到40℃以上，应当停止当日室外露天作业；

2.日最高气温达到37℃以上、40℃以下时，用人单位全天安排劳动者室外露天作业时间累计不得超过6小时，连续作业时间不得超过国家规定，且在气温最高时段3小时内不得安排室外露天作业；

3.日最高气温达到35℃以上、37℃以下时，用人单位应当采取换班轮休等方式，缩短劳动者连续作业时间，并且不得安排室外露天作业劳动者加班。

（二）在高温天气来临之前，用人单位应当对高温天气作业的劳动者进行健康检查，对患有心、肺、脑血管性疾病、肺结核、中枢神经系统疾病及其他身体状况不适合高温作业环境的劳动者，应当调整作业岗位。职业健康检查费用由用人单位承担。

（三）用人单位不得安排怀孕女职工和未成年工

在35℃以上的高温天气期间从事室外露天作业及温度在33℃以上的工作场所作业。

（四）因高温天气停止工作、缩短工作时间的，用人单位不得扣除或降低劳动者工资。

第九条　用人单位应当向劳动者提供符合要求的个人防护用品，并督促和指导劳动者正确使用。

第十条　用人单位应当对劳动者进行上岗前职业卫生培训和在岗期间的定期职业卫生培训，普及高温防护、中暑急救等职业卫生知识。

第十一条　用人单位应当为高温作业、高温天气作业的劳动者供给足够的、符合卫生标准的防暑降温饮料及必需的药品。

不得以发放钱物替代提供防暑降温饮料。防暑降温饮料不得充抵高温津贴。

第十二条　用人单位应当在高温工作环境设立休息场所。休息场所应当设有座椅，保持通风良好或者配有空调等防暑降温设施。

第十三条　用人单位应当制定高温中暑应急预

案，定期进行应急救援的演习，并根据从事高温作业和高温天气作业的劳动者数量及作业条件等情况，配备应急救援人员和足量的急救药品。

第十四条　劳动者出现中暑症状时，用人单位应当立即采取救助措施，使其迅速脱离高温环境，到通风阴凉处休息，供给防暑降温饮料，并采取必要的对症处理措施；病情严重者，用人单位应当及时送医疗卫生机构治疗。

第十五条　劳动者应当服从用人单位合理调整高温天气作息时间或者对有关工作地点、工作岗位的调整安排。

第十六条　工会组织代表劳动者就高温作业和高温天气劳动保护事项与用人单位进行平等协商，签订集体合同或者高温作业和高温天气劳动保护专项集体合同。

第十七条　劳动者从事高温作业的，依法享受岗位津贴。

用人单位安排劳动者在35℃以上高温天气从事室

外露天作业以及不能采取有效措施将工作场所温度降低到33℃以下的，应当向劳动者发放高温津贴，并纳入工资总额。高温津贴标准由省级人力资源社会保障行政部门会同有关部门制定，并根据社会经济发展状况适时调整。

第十八条　承担职业性中暑诊断的医疗卫生机构，应当经省级人民政府卫生行政部门批准。

第十九条　劳动者因高温作业或者高温天气作业引起中暑，经诊断为职业病的，享受工伤保险待遇。

第二十条　工会组织依法对用人单位的高温作业、高温天气劳动保护措施实行监督。发现违法行为，工会组织有权向用人单位提出，用人单位应当及时改正。用人单位拒不改正的，工会组织应当提请有关部门依法处理，并对处理结果进行监督。

第二十一条　用人单位违反职业病防治与安全生产法律、行政法规，危害劳动者身体健康的，由县级以上人民政府相关部门依据各自职责责令用人单位整改或者停止作业；情节严重的，按照国家有关法律法规追究用人单位及其负责人的相应责任；构成犯罪的，依法追究刑事责任。

用人单位违反国家劳动保障法律、行政法规有关工作时间、工资津贴规定，侵害劳动者劳动保障权益的，由县级以上人力资源社会保障行政部门依法责令改正。

第二十二条　各省级人民政府安全生产监督管理部门、卫生行政部门、人力资源社会保障行政部门和工会组织可以根据本办法，制定实施细则。

第二十三条　本办法由国家安全生产监督管理总局会同卫生部、人力资源和社会保障部、全国总工会负责解释。

第二十四条　本办法所称“以上”摄氏度（℃）含本数，“以下”摄氏度（℃）不含本数。

第二十五条　本办法自发布之日起施行。1960年7月1日卫生部、劳动部、全国总工会联合公布的《防暑降温措施暂行办法》同时废止。

关于调整高温津贴标准的通知

川人社办〔2012〕241号

各市（州）人力资源和社会保障局：

按照卫生部、劳动和社会保障部、国家安全监管总局、全国总工会《关于进一步加强工作场所夏季防暑降温工作的通知》（卫监督发〔2007〕186号），我省自2007年建立高温津贴制度以来，对做好夏季高温条件下防暑降温工作，保证职工在生产过程中的安全和身体健康发挥了积极作用。为切实保障劳动者合法权益，确保用人单位生产经营活动有序进行，在综合考虑我省经济发展、职工工资增长和居民消费物价指数增长等情况的基础上，经研究，决定对高温津贴标准进行调整，现就有关事项通知如下：

一、用人单位向劳动者支付高温津贴的标准由每人每天6元—10元调整为每人每天8元—12元。各市

（州）可在上述标准范围内，结合本地实际，合理确定本地区具体的高温津贴标准，并在10个工作日内报我厅备案。

二、用人单位支付高温津贴的有关问题仍按《四川省劳动和社会保障厅关于制定高温津贴有关工作的通知》（川劳社办〔2007〕58号）要求执行。

高温天气指地市级以上气象主管部门所属气象台站向公众发布的日最高气温35℃以上的天气。气温以地市级以上气象主管部门所属气象台站发布为准。

三、用人单位应结合生产经营特点和具体工作条件,通过集体协商、签订集体合同、制定规章制度等方式，依法建立健全夏季高温津贴支付制度，明确本单位高温津贴发放的具体岗位工种等，并执行本单位所在地的具体高温津贴标准。

用人单位在发放高温津贴的同时，应根据生产特点和具体条件，适当调整夏季高温作业劳动和休息制度，合理增加休息时间，严格控制加班加点，减少高温时段作业，减轻劳动强度，保证安全生产，确保职工身体健康和生命安全。

四、各级人力资源社会保障部门要会同有关部门加大监督检查力度，对不按规定支付劳动者高温津贴或违反其它劳动保障规定的行为，依法严肃查处。

五、调整后的高温津贴标准自本通知下发之日起执行，有效期5年。

二〇一二年六月二十六日

常见防暑降温药品

1.十滴水

十滴水有健胃功效，以祛暑、散寒、健胃为主，适用于缓解中暑后出现的头疼、昏迷、高热、恶心、腹痛、胃肠不适等症状。另外，它还可以外用防治痱子，成人可直接用它搽在痱子处。

2.金银花露

金银花露甘凉润口，有生津、止渴、清热、散风、解表功效。具有明显的抗炎作用。每次口服60～120毫升，一日2～3次，切勿暴饮，否则会引起腹泻。

3.藿香正气液（水、丸、胶囊）

藿香正气主要有降暑解毒、化湿和理气和中之效。临床凡有外感风寒、内伤湿滞，表现为感冒、呕吐、腹泻的患者，均可使用。

4.仁丹

仁丹能清暑祛湿。主治中暑受热引起的头昏脑涨、胸闷、腹痛腹泻，也可用于晕车晕船、水土不服。

5.人丹

人丹的主要成分是薄荷冰、滑石、儿茶酚、丁香、木香、小茴香、砂仁、陈皮等。具有清热解暑、避秽止呕之功效，是夏季防暑的常用药。主要用于因高温引起的头痛、头晕、恶心、腹痛、水土不服等症。此药能促进肠道蠕动，缓解肠痉挛。中暑、急性胃肠炎、咳嗽痰多者服用为宜。

6.清凉油

清凉油的成分是薄荷脑、薄荷素油、樟脑、桉油、丁香油、肉桂油、樟脑油，可清凉散热，醒脑提神，止痒止痛。主要用于治疗感冒头痛、中暑、晕车，蚊虫叮咬。

7.风油精

风油精可预防中暑和感冒；喝开水时，在杯中滴入4~6滴，有清热解暑之效，夏季滴2~3滴本品于头部，有提神和掩盖汗味的作用。夏季高温时，人常会有昏沉沉的感觉，若取少量本品涂在太阳穴上，或以鼻嗅之，可提神醒脑，解除疲劳。

8.金银花

金银花甘寒清热而不伤胃，芳香透达，既能宣散风热，还善清解血毒，用于各种热性病，如身热、发疹、发斑、热毒疮痈、咽喉肿痛等症，均效果显著。可开水泡代茶饮。

9.菊花

菊花味甘苦，性微寒；有散风清热、清肝明目、解毒消炎和平肝利尿等作用。对口干、火旺、目涩，或由风、寒、湿引起的肢体疼痛、麻木的疾病均有一定的疗效。主治风热感冒、头痛等。高血压患者尤宜。以开水泡代茶饮。

10.荷叶

荷叶含有多种生物碱及维生素C，多糖，有清热解毒、凉血、止血的作用。以开水泡代茶饮，适用中暑所致的心烦胸闷、头昏头痛者。

11.金线莲

金线莲别名金线兰、金丝草，为兰科开唇植物花叶兰，属多年生珍稀中草药。它在民间使用范围较广，素有“药王”“金草”“神药”“乌人参”等美称。具有清热凉血、除湿解毒、平衡阴阳、扶正固本、阴阳互补、生津养颜、调和五脏气血、养寿延年的功用。

常见防暑降温饮品

1.山楂汤

山楂片100克、酸梅50克，加3.5升水煮烂，放入白菊花100克烧开后捞出，然后放入适量白糖，晾凉饮用。

2.绿豆汤

绿豆汤有独特的消暑清热功效。中医认为，绿豆具有消暑益气、清热解毒、润喉止渴、利水消肿的功效，能预防中暑。有关实验表明，绿豆对减少血液中的胆固醇及保肝等均有明显作用。唯一不足之处是绿豆性太凉，体虚者不宜食用。

3.牛蒡茶

牛蒡茶是以中草药牛蒡根为原料的纯天然茶品。牛蒡茶具有既能排除人体毒素，又能以营养成分进行滋补和调理的特点。牛蒡直接泡茶喝，可清热解毒祛湿、健脾开胃通便、平衡血压、调节血脂、补血补钙。

4.茶水

钾是人体内重要的微量元素，钾能维持神经和肌肉的正常功能，特别是心肌的正常运动。科学分析表明，茶叶含钾较多，占其比重的1.5%左右。钾容易随汗水排出，温度适宜的茶水应该是夏季首选饮品。

5.盐开水

中医称白开水是“百药之王”。喝白开水应选择沸腾后自然冷却的新鲜凉开水（20℃~25℃），这种白开水具有特异的生物活性，容易被人体吸收利用。喝白开水时最好加些盐。夏季高温，出汗过多，体内盐分减少，体内的渗透压就会失去平稳，从而出现中暑，而多喝些盐开水或盐茶水，可以补充体内失掉的盐分，从而达到防暑的功效。

6.西瓜翠衣汤

西瓜洗净后切下薄绿皮，削去内层柔软部分，即成西瓜翠衣。其性味甘凉，可治暑热烦渴、水肿、口舌生疮、中暑和秋冬因气候干燥引起的咽喉干痛、烦咳不止等症状。可将西瓜翠衣加水煎煮30分钟，去渣加适量白糖，凉后饮用。

人体在不同高温条件下的反应

30℃：人体在这一温度下感觉最佳，既不需汗腺散热，也无须着衣保温。

33℃：在这一温度下工作2～3小时，汗腺开始发挥作用，通过微微发汗来散发蓄积的体温。

35℃：散热机制立刻反应。这时，浅静脉扩张，皮肤微微出汗，心跳加快，血液循环加速。

36℃：一级警报温度。处于这一温度时，人体会通过蒸发汗水散热进行“自我冷却”。

38℃：二级警报温度。一旦气温升到38℃，人体汗腺排汗已难以保持正常体温，多种器官参与降温。

39℃：三级警报温度。汗腺疲于工作，已经无能为力并趋于衰竭，这时人很容易猝发心脏病。

40℃：四级警报温度。高温直逼生命中枢——大脑，以致人头昏眼花、站立不稳。

（资料来源：中国气象报社）